PINZAMIENTO TARDIO DEL CORDON UMBILICAL.

2

PINZAMIENTO TARDIO DEL CORDON UMBILICAL.

PINZAMIENTO TARDIO DEL CORDON UMBILICAL

Autores:

Mª José Barbosa Chaves

Servando J. Cros Otero

Estefanía Castillo Castro

© Autores: Mª José Barbosa Chaves, Servando J. Cros Otero, Estefanía Castillo Castro.

© por los textos: Gustavo A. Silva Muñoz, Mª Luisa Alcón Rodríguez, Patricia Álvarez Holgado.

29 de Octubre de 2012

TITULO: PINZAMIENTO TARDIO DEL CORDON UMBILICAL

ISBN: 978-1-291-15963-9

1ª Edición

Impreso en España / Printed in Spain

Publicado por Lulú

INDICE

CAPITULO 1

HISTORIA Y FISIOLOGIA

Autores:

Servando J. Cros Otero

Gustavo A. Silva Muñoz

Mª Luisa Alcón Rodríguez

PINZAMIENTO TARDIO DEL CORDON UMBILICAL.

El doctor Erasmus Darwin, abuelo de Charles Darwin, en el año 1792 en su libro "Zoonomia"dice:

"Otra cosa muy lesiva para el niño es pinzar y cortar el cordón umbilical muy pronto, el cual debe dejarse intacto no solamente hasta que el niño haya respirado repetidamente, sino hasta que las pulsaciones cesen. De manera contraria, el niño será más débil de lo que debería ser y se dejaría en la placenta una parte de sangre que debería estar en el niño; al mismo tiempo no se colapsaría naturalmente la placenta y no sería removida del útero con tanta seguridad y certeza".

En la historia vemos que lo natural era, en el momento del parto, esperar hasta que el cordón dejara de latir antes de cortarlo. A partir de los años 60-70, las prácticas médicas se volvieron más intervencionistas, el parto se llevó al hospital y se llegó a cortar el cordón umbilical apenas salía el RN, como parte de la rutina en la atención al parto.

PINZAMIENTO TARDIO DEL CORDON UMBILICAL.

En condiciones naturales, una vez nace el bebe y mientras las arterias se constriñen espontáneamente, la placenta le transfiere sangre oxigenada permitiendo dos hechos importantes:

- Mantener la respiración placentaria
- Aumentar el volumen sanguíneo.

La vena umbilical se constriñe, por lo general después de que el niño esta rosado. El cordón umbilical deja de latir en los primeros dos minutos del nacimiento en la mayoría de los casos (McDonald 2003).

La placenta es el órgano respiratorio del feto hasta que la sangre se transfiere a los capilares alrededor de los alveolos y los pulmones se tornan completamente funcionales. Las pulsaciones en el cordón provienen del corazón del RN que continua vinculado a la circulación fetal retrograda hacia la placenta hasta que el foramen oval y el conducto arterioso se han cerrado.

PINZAMIENTO TARDIO DEL CORDON UMBILICAL.

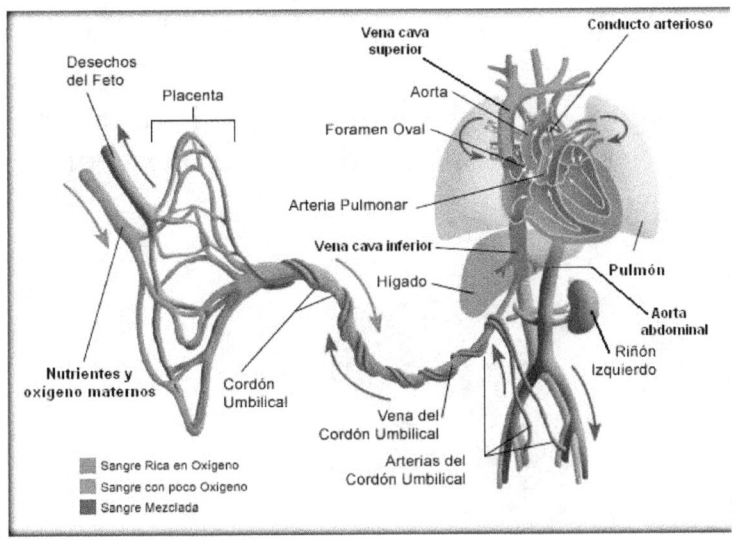

El clampeo del cordón umbilical pulsante interrumpe arbitrariamente la circulación placentaria posnatal. La insuficiencia de oxigeno es el mayor peligro de la interrupción de la irrigación de la sangre umbilical en el periodo prenatal, durante el trabajo de parto, cuando el cordón umbilical se aprieta alrededor del cuello y después del nacimiento, también.

Tradicionalmente, los cambios respiratorios y hemodinámicos que ocurren durante la transición de la vida intrauterina a la extrauterina se explican inicialmente por una adecuada expansión pulmonar y el incremento subsecuente del pH y la PaO2; se produce vasodilatación de la arteria pulmonar,

9

disminución de la resistencia vascular y aumento del flujo sanguíneo a este órgano. En consecuencia, según este concepto, para que haya una adecuada perfusión pulmonar deben insuflarse primero los alvéolos.

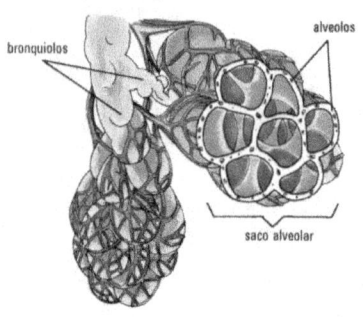

Recientemente se propuso un nuevo modelo de la fisiología de la adaptación neonatal. En la vida intrauterina los pulmones reciben únicamente el 8% del gasto cardiaco mientras que la placenta el 40%. En el segundo periodo del trabajo de parto, las contracciones uterinas crean presiones mayores de 80 mm Hg, permiten el paso adicional de sangre de la placenta al feto inmediatamente antes o durante el nacimiento, mejoran la perfusión pulmonar y de otros órganos, llevan a la erección de los capilares pulmonares, incrementan el gasto cardiaco que va a los pulmones, facilitan la remoción del líquido pulmonar fetal y la entrada de aire a los alvéolos.

PINZAMIENTO TARDIO DEL CORDON UMBILICAL.

Según este nuevo modelo, para que haya una adecuada ventilación pulmonar deben perfundirse en forma adecuada los pulmones.

El concepto de erección capilar fue demostrado por Jaykka, quien en 1957 diseñó un experimento para evaluar el proceso de insuflación pulmonar, para lo cual utilizó pulmones de mortinatos humanos y de fetos de corderos.

Evaluó el efecto de la insuflación sola, el efecto de infundir tinta a través de la arteria pulmonar para simular la perfusión pulmonar, y una combinación de los dos métodos.

Inicialmente insufló los pulmones sólo con aire y encontró que la expansión no ocurría en forma uniforme. Tuvo dificultades al inyectar la tinta para simular la circulación capilar cuando intentó hacerlo luego de la insuflación. Al examen microscópico, las paredes alveolares eran irregulares y delgadas alrededor de los espacios aéreos globulares con áreas considerables que permanecían sin teñirse, representando acinos alveolares no reclutados.

Posteriormente, en otros pulmones, inyectó tinta en la arteria pulmonar con una presión de 80 mm Hg y encontró que el sistema capilar se tornaba rígido o erecto, formando un marco que soportaba la unidad respiratoria. Microscópicamente, el cuadro se asemejaba al del pulmón normalmente aireado.

Por último, inyectó tinta en la arteria pulmonar de otros pulmones bajo presión y posteriormente los insufló. Requirió menos presión para insuflar los pulmones cuando el sistema vascular ya estaba distendido con la tinta. El cuadro microscópico se asemejó al de los pulmones normalmente aireados y fue similar al de los pulmones que habían sido tratados en forma experimental con líquido inyectado al sistema vascular bajo presión.

Concluyó que este proceso de erección capilar es un paso esencial en la adaptación cardiopulmonar neonatal. En una modificación de este experimento, la doctora Avery encontró también que era más fácil insuflar los pulmones si eran perfundidos previamente. Estos estudios soportan el concepto que el establecimiento de la respiración neonatal normal se basa en el flujo adecuado de sangre al lecho pulmonar.

PINZAMIENTO TARDIO DEL CORDON UMBILICAL.

El clampeo tardío da tiempo para una transferencia de la sangre fetal en la placenta al RN en el momento del nacimiento. Esta transfusión placentaria puede proporcionarle al RN un 30% más del volumen sanguíneo, hasta un 60% más de eritrocitos (McDonald 2003,Mercer 2001, Mercer 2006), mayores niveles de hemoglobina (Prendville 1989), reservas de hierro adicionales y menos anemia posterior en la infancia(Chaparro 2006).

Se transfiere unos 80ml en promedio, volumen que proporciona una reserva de hierro equivalente a lo que el RN podría absorber en 45 días de lactancia materna y disminuye la probabilidad de anemia en más del 50%.

La técnica del clampeo oportuno es sencilla y requiere simplemente del compromiso y paciencia de la persona que atiende el parto.

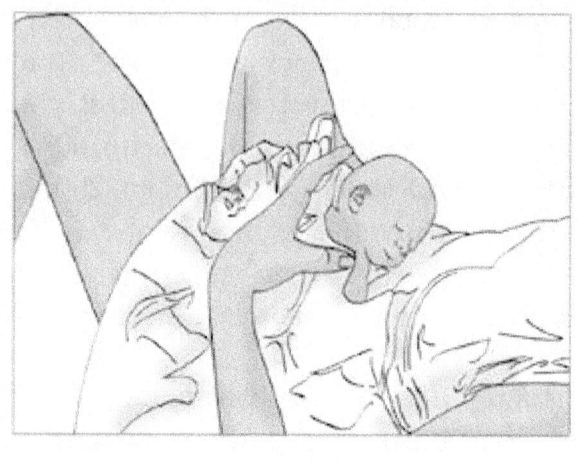

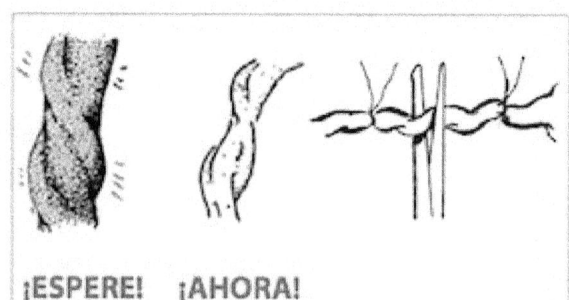

¡ESPERE! ¡AHORA!

PINZAMIENTO TARDIO DEL CORDON UMBILICAL.

CAPITULO 2

¿POR QUÉ SE HA RECOMENDADO EL PINZAMIENTO TEMPRANO?

Autores:

Estefanía Castillo Castro

Patricia Álvarez Holgado

Gustavo A. Silva Muñoz

Fernando Arango Gómez, Pediatra Neonatólogo en un ARTÍCULO DE REVISIÓN ¿CUÁNDO PINZAR EL CORDÓN UMBILICAL? nos dice que los motivos por los que se pinza precozmente el cordon umbilical son por:

- Temor al desarrollo de policitemia, hiperviscosidad, hiperbilirrubinemia y taquipnea transitoria del RN.

- La presencia de un pediatra o un neonatólogo en la sala de partos "ansioso" por comenzar la atención del bebe.

- El deseo de obtener sangre del cordón umbilical para medición de pH y gases como método de tamizaje de asfixia perinatal.

- Para realizar manejo activo del alumbramiento y disminuir la hemorragia postparto.

A continuación se revisa la evidencia científica disponible con respecto al temor de aumentar ciertas patologías o condiciones neonatales:

- policitemia

-hiperviscosidad

-hiperbilirrubinemia

-taquipnea transitoria del RN

POLICITEMIA

Hematocrito venoso mayor de 65% a 70% y se ha relacionado con secuelas neurológicas. La asociación entre pinzamiento tardío del cordón y la policitemia se originó en un estudio descriptivo realizado en 1977 por Saigal y Usher, quienes describieron un subgrupo de recién nacidos que desarrollaron "plétora neonatal sintomática" con varios tiempos de pinzamiento del cordón umbilical.

En 1992 se realizó un estudio clínico aleatorizado y no se encontraron diferencias en los resultados neurológicos a los 30 meses de seguimiento entre los niños con antecedente de policitemia neonatal comparados con aquellos sin policitemia.

Otras causas de policitemia mejor documentadas que el pinzamiento tardío del cordón son condiciones maternas pre-existentes, tales como diabetes, pre-eclampsia e hipertensión arterial, que aumentan el riesgo de hipoxia crónica intrauterina; la eritropoyesis resultante puede producir policitemia al nacer. En una revisión sistemática de la literatura de los estudios clínicos aleatorizados y estudios clínicos controlados de las dos últimas décadas, se concluyó que no hay evidencia científica suficiente para afirmar que el pinzamiento tardío del cordón causa policitemia sintomática.

HIPERVISCOSIDAD

Usualmente, pero no siempre, el aumento de la viscosidad sanguínea acompaña a la policitemia y se ha asociado con pobre resultado neurológico, aunque los estudios más recientes han fallado para documentar cualquier patrón de daño neurológico. Tanto las transfusiones sanguíneas como la transfusión placentaria fisiológica, cuando se pinza tardíamente el cordón umbilical, incrementan la viscosidad sanguínea en los recién nacidos. Dicho incremento se acompaña de una disminución significativa en la resistencia vascular que produce mayor vasodilatación pulmonar y sistémica, componentes esenciales de la adaptación neonatal a la vida extrauterina.

HIPERBILIRRUBINEMIA

La preocupación se originó en 1972 con un reporte de niveles mayores de bilirrubinas en los recién nacidos prematuros, cuyos cordones umbilicales fueron pinzados en forma tardía.

En la revisión sistemática "Efecto del momento de clampeo del cordón umbilical en recién nacidos a termino sobre los resultados en la madre y el neonato"; no se encontraron diferencias significativas en los niveles de bilirrubina en los niños con pinzamiento tardío comparados con aquellos con pinzamiento temprano. Aunque el clampeo tardío puede aumentar el riesgo de la ictericia que requiere fototerapia (Hutton y Hassan 2007).

Este último tema de la hiperbilirrubinemia Erickson-opens y Mercer 2008 dice que es cuestionable la importancia otorgada al resultado extraído de este único estudio.

19

La información reciente sobre la bilirrubina nos dice que es un antioxidante y que las elevaciones observadas después del nacimiento, especialmente en los RN que reciben lactancia materna, pueden ser inicialmente protectoras (Amuerman C y cols.2002).

Simón dice que la bilirrubina solo es un peligro si se interrumpe la barrera hematoencefalica, como se ha demostrado en investigaciones como las de Lucey y cols (1964) y Lou y cols (1977). La asfixia parece romper la barrera hematoencefalica, lo que permite entonces que la bilirrubina entre en las células neurales.

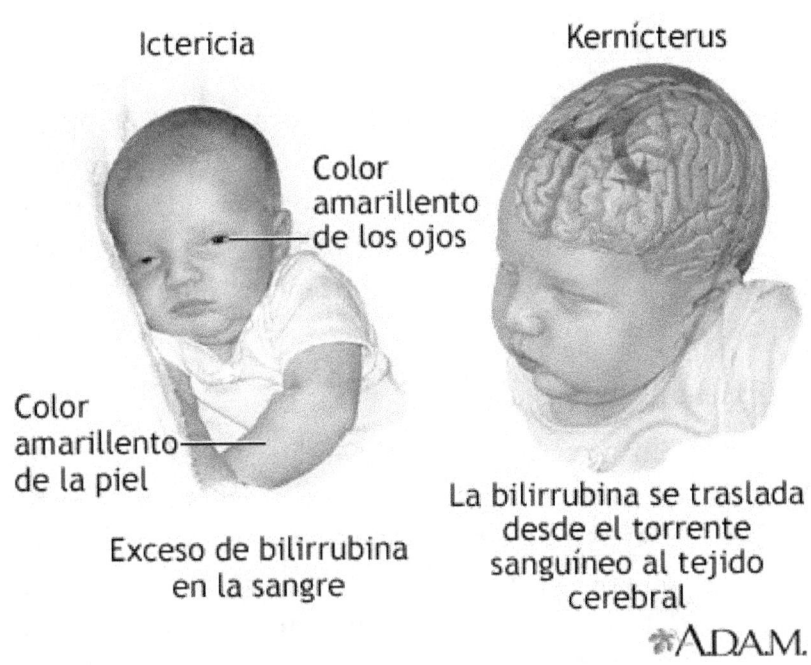

Ictericia

Kernícterus

Color amarillento de los ojos

Color amarillento de la piel

Exceso de bilirrubina en la sangre

La bilirrubina se traslada desde el torrente sanguíneo al tejido cerebral

✿ADAM.

Los RN con asfixia son especialmente susceptibles al kernicterus, aunque sus niveles de bilirrubina en plasma sean bajos.

Lou y cols (1977) si un RN nace vivo ha recibido oxigeno a través del cordón umbilical hasta ese momento del nacimiento ¿no debe quedar esa línea vital intacta hasta que los pulmones se tornen funcionantes?

TAQUIPNEA TRANSITORIA DEL RECIÉN NACIDO

Los defensores del pinzamiento temprano del cordón umbilical postulan que el pinzamiento tardío produce policitemia , hiperviscosidad , incrementan la presión venosa central , con disminución del retorno venoso y linfático, compromiso de la reabsorción del líquido pulmonar fetal y aumento del riesgo de taquipnea transitoria del recién nacido.

Sin embargo, los estudios clínicos controlados realizados en las últimas dos décadas no evidencian mayor incidencia de esta afección en los niños en quienes se realizó el pinzamiento tardío del cordón. En cambio sí hay reportes de mayor frecuencia respiratoria durante las primeras tres horas de vida que no requiere tratamiento.

CAPITULO 3

¿EL PINZAMIENTO TARDIO DEL CORDON PRODUCE BENEFICIOS?

Autores

Mª José Barbosa Chaves

Mª Luisa Alcón Rodríguez

Patricia Álvarez Holgado

BENEFICIOS HEMATOLÓGICOS

-Aumento de hematocrito, hemoglobina y ferritina sérica

-Necesidades menores de transfusiones en las primeras seis semanas de vida

-El hierro es un elemento fundamental para el desarrollo del sistema nervioso, especialmente cuando hay otros factores de riesgo. Niños y niñas con clampeo tardío de cordón tienen un mejor desarrollo psicomotor y mayor capacidad de reaccionar a estímulos. Se evidenció que a los cinco años, el coeficiente intelectual de niños y niñas de clase social y económica baja y que habían sido tratados con el clampeo oportuno, era de 9 puntos más alto que en aquellos donde no se había aplicado tal medida. Además se demostró que niños con anemia en los primeros meses de la vida tienen un riesgo más alto de retraso mental.

BENEFICIOS CARDIOPULMONARES

Los estudios sugieren que, tanto los recién nacidos a término como los prematuros tienen mejor vasodilatación pulmonar y sistémica, y mayor flujo sanguíneo al cerebro e intestino. En los recién nacidos pretérmino se ha reportado incremento en la presión arterial y mejor adaptación cardiopulmonar con menor necesidad de oxígeno, y días de ventilación mecánica. En los recién nacidos a término, mejor llenado capilar, temperatura periférica más alta y mayor gasto urinario por la mayor perfusión debida al pinzamiento tardío del cordón umbilical.

OTROS BENEFICIOS POTENCIALES

El pinzamiento tardío del cordón representa un cambio en la rutina, que favorece el contacto temprano entre la madre y su hijo. Se ha demostrado una asociación estadísticamente significativa entre el contacto temprano y la duración de la lactancia materna, la cual fue más prolongada en los recién nacidos con pinzamiento tardío del cordón.

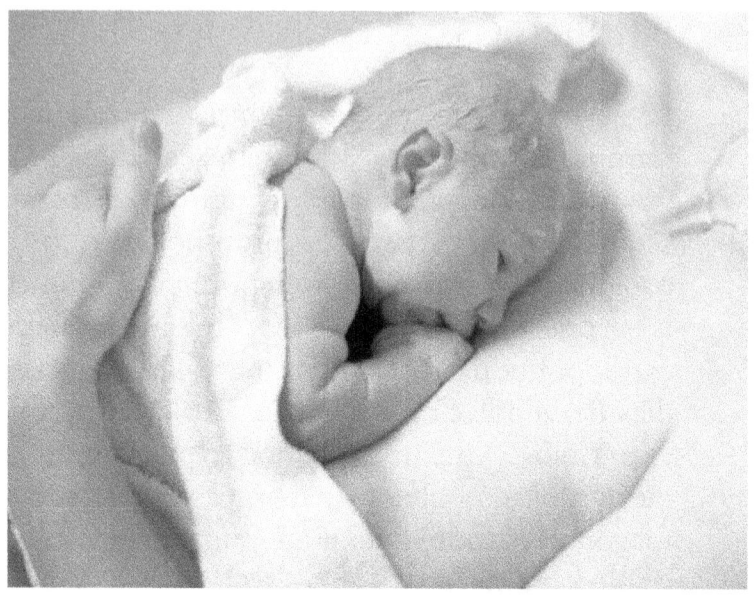

Pero hay más beneficios. La placenta sigue con su función oxigenadora del cuerpo del bebe mientras continúe transmitiendo sangre. Y esto, en el momento inmediatamente posterior al nacimiento es un seguro de vida contra la anoxia postnatal. Si no se pinza se podrá seguir proporcionando al RN una segunda fuente de oxigeno. Sus pulmones pueden tomarse su tiempo para comenzar a funcionar perfectamente. No será necesario forzarlos, ni hacer llorar al bebe, ni darle un golpe en la espalda para que respire. Lo hará poco a poco, estando durante unos minutos protegido por el oxigeno que le sigue llegando.

PINZAMIENTO TARDIO DEL CORDON UMBILICAL.

La naturaleza ha previsto que el nacimiento no suponga una carrera contra la muerte. Solo hay que dejarla actuar.

RIESGOS

Se han reportado dos condiciones con riesgo elevado para pinzamiento tardío del cordón umbilical: uso de anestesia general en la madre e isoinmunización Rh.

Dos condiciones en las que tradicionalmente se hace pinzamiento temprano del cordón son el parto gemelar, para evitar la transfusión feto-fetal, y en las madres portadoras del virus de la inmunodeficiencia humana, para evitar el contagio de los bebés, pero no encontramos estudios publicados al respecto y, por lo tanto, no podemos dar recomendaciones.

PINZAMIENTO TARDIO DEL CORDON UMBILICAL.

En la actualidad también es un motivo de pinzamiento temprano el deseo de donación de células madre en sangre de cordón umbilical.

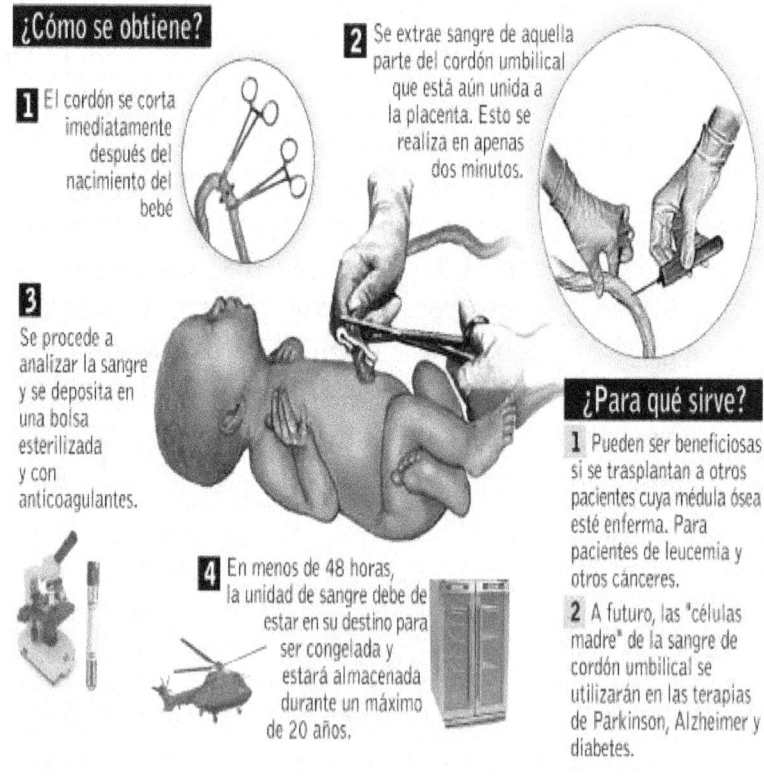

¿Cómo se obtiene?

1 El cordón se corta imediatamente después del nacimiento del bebé

2 Se extrae sangre de aquella parte del cordón umbilical que está aún unida a la placenta. Esto se realiza en apenas dos minutos.

3 Se procede a analizar la sangre y se deposita en una bolsa esterilizada y con anticoagulantes.

4 En menos de 48 horas, la unidad de sangre debe de estar en su destino para ser congelada y estará almacenada durante un máximo de 20 años.

¿Para qué sirve?

1 Pueden ser beneficiosas si se trasplantan a otros pacientes cuya médula ósea esté enferma. Para pacientes de leucemia y otros cánceres.

2 A futuro, las "células madre" de la sangre de cordón umbilical se utilizarán en las terapias de Parkinson, Alzheimer y diabetes.

PINZAMIENTO TARDIO DEL CORDON UMBILICAL.

En el caso de depresión neonatal o líquido amniótico teñido de meconio espeso, se deben agotar todos los esfuerzos para hacer reanimación neonatal con el cordón umbilical intacto, permitiendo la transfusión placentaria de sangre oxigenada. La respuesta pobre a las medidas de reanimación en la sala de partos usualmente se atribuye a la depleción de volemia, y precisamente, el expansor de volumen ideal y el único con capacidad de transportar oxígeno es la sangre total.

De manera similar, en el caso de circular del cordón al cuello, se deben efectuar todos los esfuerzos para reducirla, antes que pinzar el cordón umbilical mientras la cabeza del bebé aún se encuentra en el periné.

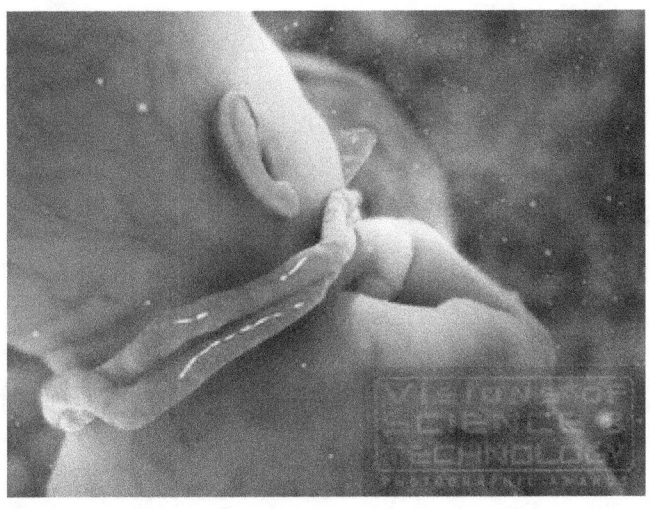

PINZAMIENTO TARDIO DEL CORDON UMBILICAL.

CAPITULO 4

RECOMENDACIONES

Autores:

Servando J. Cros Otero

Gustavo A. Silva Muñoz

Mª Luisa Alcón Rodríguez

PINZAMIENTO TARDIO DEL CORDON UMBILICAL.

- En la guía práctica de la OMS sobre cuidados del parto normal deja muy claro cuál debe ser el momento del pinzamiento:

  El pinzamiento tardío es el medio fisiológico de tratar el cordón y el pinzamiento temprano es una intervención que necesita de una buena justificación. La transfusión de sangre de la placenta al niño, si se realiza el pinzamiento tardío, es un proceso fisiológico y los efectos adversos son improbables, al menos en casos normales.

- Estrategia de atención al parto normal en el Sistema Nacional de Salud:

  No pinzar el cordón con latido como práctica habitual.

- Recomendaciones de la SEGO sobre asistencia al parto (2007):

  Si fuera posible, esperar hasta que el cordón deje de latir antes de seccionarlo.

- En la Guía de Practica Clínica sobre la atención al parto normal del SNS (2010)

  Recomendaciones:

  A Se recomienda el pinzamiento tardío del cordón umbilical.

  B Se sugiere como conveniente el pinzamiento del cordón a partir del segundo minuto o tras el cese del latido de cordón umbilical.

CAPITULO 5

CONCLUSIONES

Autores:

Estefanía Castillo Castro

Mª José Barbosa Chaves

Patricia Álvarez Holgado

-Revisión sistemática "Efecto del momento de clampeo del cordón umbilical en recién nacidos a termino sobre los resultados en la madre y el neonato"; se incluyeron 11 ensayos con 2989 madres y sus RN. No se observaron diferencias significativas entre el clampeo precoz y tardío del cordón umbilical para la hemorragia postparto o la hemorragia postparto grave. Aumento significativo de los niveles de hemoglobina neonatal en el grupo de clampeo tardío del cordón umbilical en comparación con el clampeo precoz. Los niveles de ferritina permanecieron más elevados en los grupos de clampeo tardío que en los grupos de clampeo precoz a los seis meses.

Los autores de esta revisión llegan a la conclusión de que el clampeo tardío del cordón umbilical de al menos dos a tres minutos no parece aumentar el riesgo de hemorragia postparto. Además, el clampeo tardío del cordón umbilical puede ser ventajoso para el RN al mejorar el estado del hierro que puede ser de valor clínico, particularmente en los RN que no tienen acceso a una buena nutrición, aunque el clampeo tardío aumenta el riesgo de la ictericia que requiere fototerapia(Hutton y Hassan 2007).

-Early versus delayed umbilical cord clamping in preterm infants. Cochrane.Database.Syst.Rev. (4):CD003248, 2004 Revisión sistemática "clampeo precoz versus clampeo tardío del cordón umbilical en prematuros "siete estudios (297 neonatos nacidos antes de la semana 37 de gestación) fueron seleccionados para su inclusión. Conclusión: el clampeo tardío del cordón, con un retraso de 30 a 120 segundos, parece estar asociado con una menor necesidad de transfusión y una menor incidencia de hemorragias intraventriculares.

- Así en el estudio de J. M. Ceriani Cernadas, G. Carroli, L. Pellegrini, L. Otano, M. Ferreira, C. Ricci, O. Casas, D. Giordano, and J. Lardizabal. The effect of timing of cord clamping on neonatal venous hematocrit values and clinical outcome at term: a randomized, controlled trial. Pediatrics 117 (4):e779-e786, 2006; se estudian tres momentos de pinzamiento del cordón umbilical (menos de 1 minuto, 1 minutos y 3 minutos después del nacimiento). Con estos momentos de corte los autores encuentran tras el pinzamiento tardío (1 minuto) un incremento del hematocrito a las 6 horas de vida del 4% sobre los valores observados en recién nacidos con pinzamiento precoz.

PINZAMIENTO TARDIO DEL CORDON UMBILICAL.

-Fernando Arango en su artículo de revisión "¿Cuándo pinzar el cordón umbilical?" dice:

En una revisión sistemática de la literatura referente al pinzamiento del cordón umbilical, no se encontraron efectos perjudiciales directos relacionados con el pinzamiento temprano en recién nacidos a término ni en prematuros, excepto un incremento de la anemia en la infancia. Se debe anotar que ninguno de los estudios buscó secuelas a largo plazo (Mercer JS. Current best evidence: a review of the literature on umbilical cord clamping. J Midwifery Womens Health 2001;46:402-14.).

La pregunta pertinente sería: ¿le produciría algún daño al recién nacido negarle el 25% o más de su volemia?

Hasta la fecha apenas se ha publicado un estudio experimental en un modelo animal, que sugiere efectos adversos de la pérdida de sangre al nacimiento, en el cual los autores removieron aproximadamente el 25% del volumen sanguíneo en ratones inmediatamente después del nacimiento. Se detectó la presencia de citocinas pro-inflamatorias en los pulmones e hígado a las tres horas de edad en los ratones a los que se les había removido sangre, en contraste con los ratones sin pérdida de sangre (Rajnik M,

PINZAMIENTO TARDIO DEL CORDON UMBILICAL.

Salkowski C, Li Y, et al. Early cytokine expression induced by hemorrhagic shock in a non-rescuscitated rat model. Pediatr Res 2001;49:44[a]). Estos resultados avalan la importancia de reevaluar los efectos del pinzamiento inmediato del cordón umbilical. Las citocinas pro-inflamatorias son marcadores importantes de daño tisular y se han encontrado niveles significativamente superiores en los recién nacidos humanos que desarrollan más tarde parálisis cerebral. En consecuencia, dichas citocinas pueden ser marcadores importantes para medir cuando se estudia el efecto de diferentes prácticas obstétricas en el resultado neonatal.

Dice que No hay evidencia científica para justificar el pinzamiento temprano del cordón umbilical y cada vez hay más evidencia de los beneficios del pinzamiento tardío y de la ausencia de efectos adversos.

Que El temor a policitemia, hiperviscosidad, hiperbilirrubinemia y taquipnea transitoria es infundado, originado de estudios meramente observacionales. Y que Mientras no exista evidencia apropiada y suficiente que demuestre lo contrario, es mejor respetar la naturaleza que interferir con la fisiología compleja y parcialmente comprendida de la transición neonatal, como bien lo expresó el doctor Erasmus Darwin.

PINZAMIENTO TARDIO DEL CORDON UMBILICAL.

-La Organización Mundial de la Salud considera el pinzamiento temprano del cordón umbilical una intervención y como tal requiere de justificación. World Health Organization. Care of the umbilical cord: a review of the evidence. 1998 – WHO/RHTMSM/ 98.4.

PINZAMIENTO TARDIO DEL CORDON UMBILICAL.

BIBLIOGRAFIA

PINZAMIENTO TARDIO DEL CORDON UMBILICAL.

-Prendiville WJ, Elbourne D, McDonald S. Active versus expectant management in the third stage of labour. Cochrane Database Syst Rev 2000;(Issue3).

- Smith JR, Brennan BG. Management of the Third Stage of Labor: Multimedia. [wwwemedicine com/med/topic3569 htm] 2006.

- Chaparro CM, Fornes R, Neufeld LM, Alvarez GT, Cedillo RE, Dewey KG. Early umbilical cord clamping conntributes to elevated blood lead levels among infants with higher lead exposure. J Pediatr 2007;151:506-12.

-Mercer JS. Current best evidence: a review of the literature on umbilical cord clamping.In: Wickham S editor (s). Midwifery: best practice Vol 4, Edinburgh: Elsevier, 2006;114-29.

-Van RPBBJ. Late umbilical cord-clamping as an intervention for reducing iron deficiency anaemia in term infants in developing and industrialised countries: a systematic review. Annals of Tropical Paediatrics 2004; 2004;24(1):3-16.

-Ceriani Cernadas JM, Carroli G, Pellegrini L, et al. The effect of timing of cord clamping on neonatal venous hematocrit values and clinical outcome at

PINZAMIENTO TARDIO DEL CORDON UMBILICAL.

term: a randomized, controlled trial. Pediatrics 2006;117(4):779-86.

-Chaparro CM, Neufeld LM, Tena AG, et al. Effectc of timing of umbilical cord clamping on iron status in Mexican infants: a randomised trial. Lancet 2006;367(9527):1997-2004. 216. Emhamed MO, Van RP, Brabin BJ. The early effects of delayed cord clamping in term infants born to Libyan mothers. Trop Doct 2004;34(4):218-22.

-Nelle M, Zilow EP, Kraus M, et al. The effect of Leboyer delivery on blood viscosity and other hemorheologic parameters in term neonates. Am J Obstet Gynecol 1993;169(1):189-93.

-Nelle M, Zilow EP, Bastert G, et al. Effect of Leboyer childbirth on cardiac output, cerebral and gastrointestinal blood flow velocities in full-term neonates. Am J Perinatol 1995;12(3):212-6.

-Linderkamp O, Nelle M, Kraus M, et al. The effect of early and late cord-clamping on blood viscosity and other hemorheological parameters in full-term neonates. Acta Paediatr 1992;81(10):745-50.

-Saigal S, O´Neill A, Surainder Y, et al. Placental transfusion and hyperbilirubinemia in the premature. Pediatrics 1972;49(3):406-19.

41

- Geethanath RM, Ramji S, Thirupuram S, at al. Effect of timing of cord clamping on the iron status of infants at 3 months. Indian Pediatr 1997;34(2):103-6.

-Gupta R, Ramji S. Effect of delayed cord clamping on iron stores in infants born to anemic mothers: a randomized controlled trial. Indian Pediatr 2002;39(2):130-5.

-Lanzkowsky P. Effects of early and late clamping of umbilical cord on infant´s haemoglobin level. Br Med J 1960;2(1777):82.

-Grajeda R, Perez-Escamilla R, Dewey KG. Delayed clamping of the umbilical cord improves hematologic status of Guatemalan infants at 2 mo of age. Am J Clin Nutr 1997;65(2):425-31.

-Hutton EK, Hassan ES. Late vs early clamping of the umbilical cord in full-term neonates: systematic review and meta-analysis of controlled trials. JAMA 2007;297(11):1241-52.

-McDonald SJ, Middleton P. Effect of timing of umbilical cord clamping of term infants on maternal and neonatal outcomes. Cochrane Database Syst Rev 2008;Issue 2.Art No.: CD004074.DOI: 10.1002/14651858.CD004074.pub2.

PINZAMIENTO TARDIO DEL CORDON UMBILICAL.

-Guía a práctica clínica sobre la atención al parto normal. 2010

http://www.youtube.com/watch?v=9uIcthFsLQA &feature=related
http://www.youtube.com/watch?v=gHnFoWEVs7 o&feature=related
http://www.youtube.com/watch?v=YJL9roi1LbM &feature=related
http://www.youtube.com/watch?v=xumyF3_UY WI&NR=1&feature=fvwp
http://www.youtube.com/watch?v=uwswhoKfkm M&NR=1
http://www.youtube.com/watch?v=T79sMqvN3B E&feature=related
http://www.youtube.com/watch?v=c4MkmqC6das
http://www.youtube.com/watch?v=EbLuREIMW SQ&NR=1
http://www.youtube.com/watch?v=xsvFNRNsB3 g   http://www.youtube.com/watch?v=wnMnTF-lFKc&feature=related

PINZAMIENTO TARDIO DEL CORDON UMBILICAL.